Autor: Jürgen Schlüsing
Umschlaggestaltung: Hans-Jürgen Hellberg/ Jürgen Schlüsing
Cover-Foto: Hans-Jürgen Hellberg

Die Autoren, der Dipl.-Physiker Hans-Jürgen Hellberg und der Bauingenieur Dr. Karl Jürgen Schlüsing haben in ihren Vorlesungen für Studienanfänger des Studienganges Wirtschaftsingenieur immer wieder feststellen müssen, dass die vorhandenen mathematischen Grundlagen nicht ausreichen, um sich die naturwissenschaftlichen Grundlagen gleich zu Beginn des Studiums erfolgreich zu erarbeiten. Aus diesem Grund ist diese Booklet-Reihe für Mathematik und Naturwissenschaften entstanden.

Die Booklets unterscheiden sich von den typischen Lehrbüchern, die vollständige Themenbereiche abdecken und meistens sehr umfangreich sind. Dadurch, dass jedes Booklet für ein einzelnes Thema steht, kann sich der Student gezielt auf das gewünschte Thema konzentrieren, ohne ein umfangreiches Lehrbuch oder verschiedene Bücher durchblättern zu müssen. Die Themen in den Booklets werden jeweils auf 25 bis 50 Seiten abgehandelt und wo erforderlich mit dem Verweis auf andere Booklets versehen. Im Falle der Naturwissenschaften erfolgt der Verweis an gegebener Stelle, auf die ergänzenden Booklets der Mathematikserie. Zudem findet der Student im Anhang weitere Literaturhinweise.

Dieses System ermöglicht dem Studenten, Schwerpunkte zu setzen, das Wissen durch kurze Wiederholungen zu festigen und sich schnell und leichter auf Prüfungen vorzubereiten.

Bibliografische Information der Deutschen Nationalbibliothek:
Die Deutsche Nationalbibliothek verzeichnet diese Publikation
in der Deutschen Nationalbibliografie; detaillierte bibliografische
Daten sind im Internet über dnb.dnb.de abrufbar.

©2020 Hans-Jürgen Hellberg/ Jürgen Schlüsing

Herstellung und Verlag: BoD – Book on Demand, Norderstedt

ISBN: 978-3-7519-5854-7

1. Grundlagen

1.	Grundlagen Analysis	Heft 1
1.1	Zahlsysteme	
1.2	Runden, Interpolieren	
1.3	Potenzen	
1.4	Wurzeln	
1.5	Zahlsysteme (Dezimal-, Dual-, Hexadezimalsysteme)	
1.6	Logarithmus	
1.6.1	Der Begriff des Logarithmus	
1.6.2	Logarithmusgesetze	
1.6.3	Logarithmussysteme	
1.7	Summen- und Produktzeichen	Heft 2
1.7.1	Summenzeichen	
1.7.2	Produktzeichen	
1.8	Der binomische Lehrsatz	
1.9	Termumformungen	
1.10	Gebrauch von Einheiten	
1.11	Gleichungen	
1.11.1	Prozent-/Zinsrechnung	
1.11.2	Dreisatz	
1.11.3	Gleichungen 1. Grades mit einer Unbekannten	
1.11.4	Gleichungen 1. Grades mit 2 Unbekannten	
1.11.5	Gleichungen 1. Grades mit 3 Unbekannten	
1.11.6	Gleichungen 2. Grades mit einer Variablen	
1.11.7	Wurzelgleichungen	Heft 3
1.11.8	Gleichungen 2. Grades mit 2 Variablen	
1.11.9	Gleichungen 3. Grades und höheren Grades mit einer Variablen	
1.11.9.1	Linearfaktorzerlegung	
1.11.9.2	Horner-Schema	
1.11.10	Exponentialgleichungen	
1.11.11	Logarithmische Gleichungen	
1.12	Ungleichungen	
1.13	Wichtige Begriffe und Sätze der Geometrie	
1.14	Ebene Trigonometrie	
1.14.1	Bogenmaß	
1.14.2	**Die 4 Winkelfunktionen**	**Heft 4**
1.14.3	**Berechnung rechtwinkliger Dreiecke**	
1.14.4	**Das schiefwinklige Dreieck**	
1.14.5	**Trigonometrische Funktionen**	
1.15	**Elementare Funktionen**	
1.15.1	**Ganz-rationale Funktion (Polynom)**	
1.15.2	**Gebrochen-rationale Funktion**	
1.15.3	**Wurzelfunktion, Relationen**	
1.16	**Arithmetische und geometrische Folge und Reihe**	
1.16.1	**Folge und Reihe**	
1.16.2	**Arithmetische Folge und Reihe**	

1.16.3   Geometrische Folge und Reihe

Inhalt weiterer Hefte
2. Differentialrechnung
2.1   Einführung in die Differentialrechnung   Heft 5
2.1.1   Geometrischer Zusammenhang zwischen einer
     Funktion und ihren Ableitungen
2.1.2.1   Die Ableitung
2.1.2.2   Differenzierbarkeit
2.1.3   Einfache Ableitungsregeln
2.1.3.1   Die Ableitung der Potenzfunktion
2.1.3.2   Die Ableitung einer Konstanten
2.1.3.3   Die Ableitung der Summe mehrerer Funktionen
2.1.4   Die Ableitung des Produktes mehrere Funktionen
2.1.5   Die Ableitung des Quotienten zweier Funktionen
2.1.6   Die Ableitung mittelbarer Funktionen
2.1.7   Die Ableitung impliziter Funktionen
2.1.8   Die Ableitung transzendenter Funktionen
2.1.8.1   Die Ableitung goniometrischer Funktionen
2.1.8.2   Die Ableitung zyklometrischer Funktionen
2.1.9   Die Ableitung von Exponential- und Logarithmusfunktionen
2.1.9.1   Die Ableitung von Exponentialfunktionen
2.1.9.2   Die Ableitung von Logarithmusfunktionen
2.1.10   Logarithmische Differentiation
2.2   Anwendung der Differentialrechnung   Heft 6
2.2.1   Grenzwertbestimmung nach der Regel nach l' Hospital
2.2.2   Tangentenverfahren nach Newton
2.2.3   Bewegung
2.2.4   Kurvendiskussion
2.2.5   Funktionen mit vorgegebenen Bedingungen   Heft 7
2.2.6   Ökonomische Rechnungen
2.2.7   Extremwertaufgaben

3. Integralrechnung
3.1   Grundlagen   Heft 8
3.1.1   Einführung
3.1.2   Unbestimmte Integrale
3.1.2.1   Begriffsbestimmung
3.1.2.2   Geometrische Deutung
3.1.2.3   Grundintegrale
3.1.2.4   Elementare Integrationsregeln
3.1.2.5   Formale Integrationsmethoden
3.1.2.5.1   Integration durch Substitution
3.1.2.5.2   Partielle Integration
3.1.2.5.3   Partialbruchzerlegung
3.1.3   Das bestimmte Integral

3.1.3.1	Geometrische Deutung des bestimmten Integrals	
3.1.3.2	Das Flächenintegral als Grenzwert einer Summe	
3.2	Ebene Flächen	
3.2.1	Flächen zwischen dem Graphen und der x-Achse	
3.2.2	Flächen zwischen dem Graphen und der y-Achse	
3.2.3	Fläche zwischen zwei Graphen (Schnittkurven)	
3.2.4	Flächenberechnung	
3.3	Volumenberechnung	Heft 9
3.3.1	Berechnung des Volumens eines Rotationskörpers bei Rotation um die x- bzw. y-Achse	
3.3.2	Volumenberechnung von Schnittkörpern	
3.3.3	Volumenintegrale	
3.3.4	Rotation des Graphen um die x-Achse	
3.3.5	Rotation des Graphen um die y-Achse	
3.3.6	Volumen eines Schnittkörpers	

4. Lineare Algebra

4.1	Gleichungssysteme	Heft 10
4.2	Vektoren	Heft 11
4.3	Skalarprodukt	Heft 12
4.4	Vektorprodukt	
4.5	Spatprodukt	
4.6	Matrizen	

5. Differentialgleichungen

5.1	Lineare Differentialgleichungen 1. Ordnung Trennung der Variable	Heft 13
5.2	Substitution	
5.3	Variation der Konstanten	
5.4	Lineare Differentialgleichungen 2. Ordnung mit konstanten Koeffizienten	Heft 14
5.5	Inhomogene Differentialgleichungen 2. Ordnung	

6. Komplexe Zahlen

6.1	Addition komplexer Zahlen	Heft 15
6.2	Multiplikation komplexer Zahlen	
6.3	Division zweier komplexer Zahlen	
6.4	Gaußsche Zahlenebene	
6.5	Multiplikation komplexer Zahlen in Polarform	
6.6	Potenzieren komplexer Zahlen in Polarform	
6.7	Wurzelziehen komplexer Zahlen in Polarform	

7. Repetitorien

7.1	Repetitorium Grundlagen I	Heft 16
7.2	Repetitorium Grundlagen II	Heft 17
7.3	Repetitorium Differentialrechnung	Heft 18
7.4	Repetitorium Integralrechnung	Heft 19
7.5	Repetitorium Lineare Algebra	Heft 20

1.14.2 Die vier Winkelfunktionen

Aufgabe Winkelfunktionen:

1) Geg.: c = 56,40 m, α = 38°16'. Gesucht: a, b, β.

2) Geg.: a = 148,20 m, β = 56°23'. Gesucht: b, c, α.

3) Geg.: a = 345 m, c = 2,36 km. Gesucht: b, α, β.

4) Geg.: a = 10,74 m, b = 6,48 m. Gesucht: c, α, β.

1.14.3 Das rechtwinklige Dreieck

Superposition: Funktionen gleicher Periode

Amplitude: C = $\sqrt{A^2 + B^2}$ Phase: $\tan\beta = \frac{B}{A}$

a = A sinα; b = B cos α;

a + b = C sin (α + β)

woraus folgt:

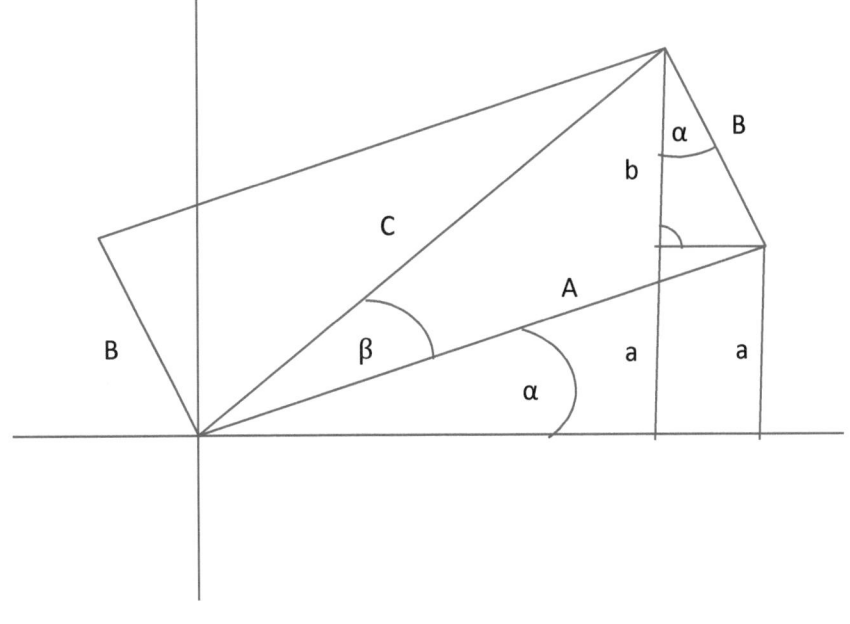

$$a + b = A \sin\alpha + B \cos\alpha = C \sin(\alpha + \beta)$$

Führt man jetzt die unbekannten Größen C und auf die Bekannten Größen A und B zurück, dann ergibt sich, da A und B rechtwinklig stehen, die Amplitude und die Phase.

Aufgaben rechtwinkliges Dreieck:

1) Ein kugelförmiger Freiballon mit dem Durchmesser d=16 m wird unter einem Sehwinkel von α = 22' beobachtet. Wie weit ist der Mittelpunkt des Ballons vom Beobachter entfernt?

2) Ein Flugzeug mit der Endgeschwindigkeit v_E = 320 km/h fliegt in Richtung N 37 O. Der Wind weht die ganze Zeit mit einer Stärke von v_W = 20 m/s aus Richtung S 53 O. Wie groß ist die Geschwindigkeit v_G Kurs über Grund (KüG) und nach welcher Zeit hat das Flugzeug 1500 km zurückgelegt? Um welchen Winkel wird das Flugzeug vom Kurs abgetrieben?

3) Von einem Aussichtsturm A aus sieht man einen Punkt B im Tal unter dem Senkungswinkel β = 39° 21'. Auf der Karte 1 : 25000 beträgt die Entfernung AB = 18 mm. Wie hoch liegt A über B?

4) Eine Ladung Sand von der Masse 15 t wird in Form eines Kegelstumpfes von h = 1m aufgeschüttet (ρ = 1,7 t/m³). Wie groß sind die beiden Grundhalbmesser, wenn der Böschungswinkel α = 26° beträgt?

1.14.4 Das schiefwinklige Dreieck

Der Sinussatz $\dfrac{a}{b} = \dfrac{\sin\alpha}{\sin\beta}$; $\dfrac{b}{c} = \dfrac{\sin\beta}{\sin\gamma}$; oder a : b : c = $\sin\alpha$: $\sin\beta$: $\sin\gamma$

Im Dreieck verhalten sich je zwei Seiten wie die Sinuswerte Ihrer Gegenwinkel.

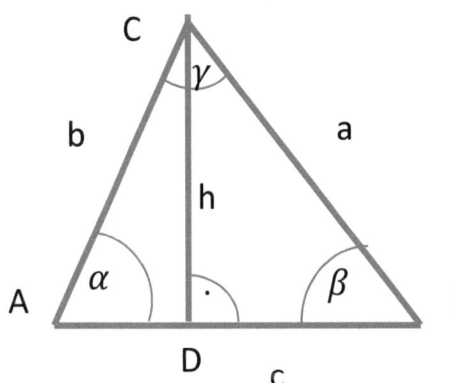

In Δ BCD ist h = a · $\sin\beta$

und in Δ ACD ist h = b · $\sin\alpha$,

also a · $\sin\beta$ = b · $\sin\alpha$

oder $\dfrac{a}{b} = \dfrac{\sin\alpha}{\sin\beta}$

Der Kosinussatz

Im Dreieck ist das Quadrat über einer Seite gleich der Summe der Quadrate über den beiden anderen Seiten, vermindert um das doppelte Produkt aus diesen Seiten und dem Kosinus des eingeschlossenen Winkels.

$$a^2 = b^2 + c^2 - 2bc \cdot \cos\alpha$$

$$b^2 = a^2 + c^2 - 2ac \cdot \cos\beta$$

$$c^2 = a^2 + b^2 - 2ab \cdot \cos\gamma$$

In Δ ACD ist h = b · $\sin\alpha$ und q = b · $\cos\alpha$.

Nach dem Satz des Pythagoras ist :

$$a^2 = h^2 + (c - q)^2 \text{, also}$$

$$a^2 = b^2 \cdot \sin^2\alpha + (c - b \cdot \cos\alpha)^2$$

$$a^2 = b^2(\sin^2\alpha + \cos^2\alpha) + c^2 - 2bc \cdot \cos\alpha$$

$$a^2 = b^2 + c^2 - 2bc \cdot \cos\alpha$$

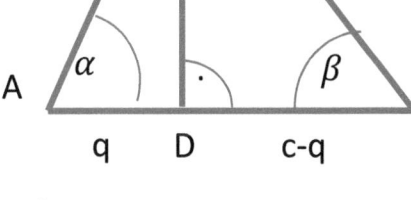

Achtung: Ist α stumpf, so ist $\cos\alpha$ negativ, also – 2bc cos α positiv!

Aufgaben schiefwinkliges Dreieck:

1) In einem Dreieck sind gegeben: α = 40°, γ = 60° und b = 8 cm. Bestimmen Sie die übrigen Seiten und Winkel!

2) Welchen Kurs muss ein Flugzeug steuern, das eine Endgeschwindigkeit vom Betrag v = 320 km/h besitzt und genau nach Osten fliegen soll, wenn SW-Wind von der Stärke 9 m/s weht? Wie lange dauert es, bis die Zielentfernung in 1500 km erreicht wird?

Wie groß ist der Winkel δ?

3) Durch einen Bergrücken soll von P nach Q ein waagerechter Tunnel getrieben werden. Um Länge und Richtung des Tunnels zu bestimmen, steckt man auf dem Bergrückeneine waagerechte Standlinie AB = a = 485,7 m ab und misst die Horizontalwinkel α_1 = 59°27′, α_2 = 41°32′, β_1 = 67°19′, β_2 = 70°41′.

1.14.5. Trigonometrische Funktionen

Darstellung von Sinus und Kosinus im Einheitskreis:

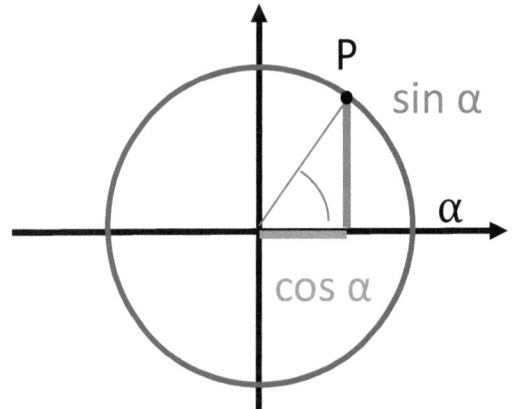

Unter dem Sinus eines beliebigen Winkels α versteht man den Ordinatenwert des zu α gehörenden Punktes P auf dem Einheitskreis.

$$\sin \alpha = \frac{Gegenkathete}{Hypothenuse}$$

$$\cos \alpha = \frac{Ankathete}{Hypothenuse}$$

Den Kosinus eines Winkels α findet man als Abszissenwert des Punktes P auf dem Einheitskreis wieder.

Funktionsgrafen der Sinus- und Kosinusfunktion

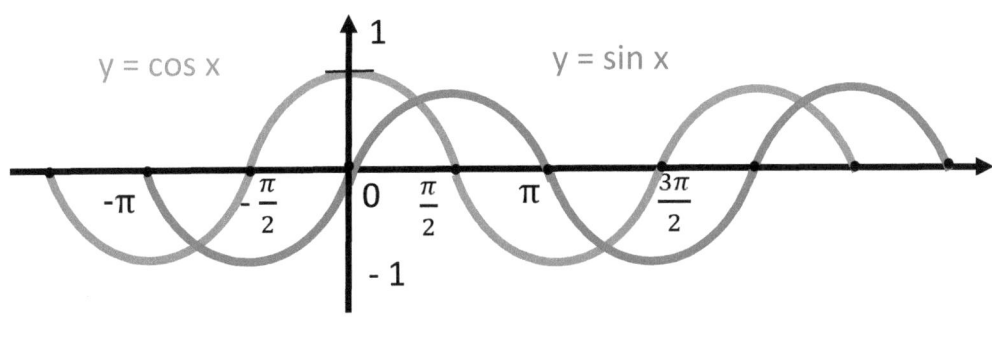

Bei einem vollen Umlauf auf dem Einheitskreis durchläuft der Winkel α alle Werte zwischen 0° und 360° und die Sinusfunktion sin α dabei alle Werte zwischen -1 und +1. Bei nochmaligem Umlauf wiederholen sich diese Funktionswerte, die Sinusfunktion ist also periodisch

$\sin(\alpha + 360°) = \sin \alpha$

Die Kosinusfunktion cos α ist ebenfalls periodisch. $\cos(\alpha + 360°) = \cos \alpha$

Funktionsgraph von tanx

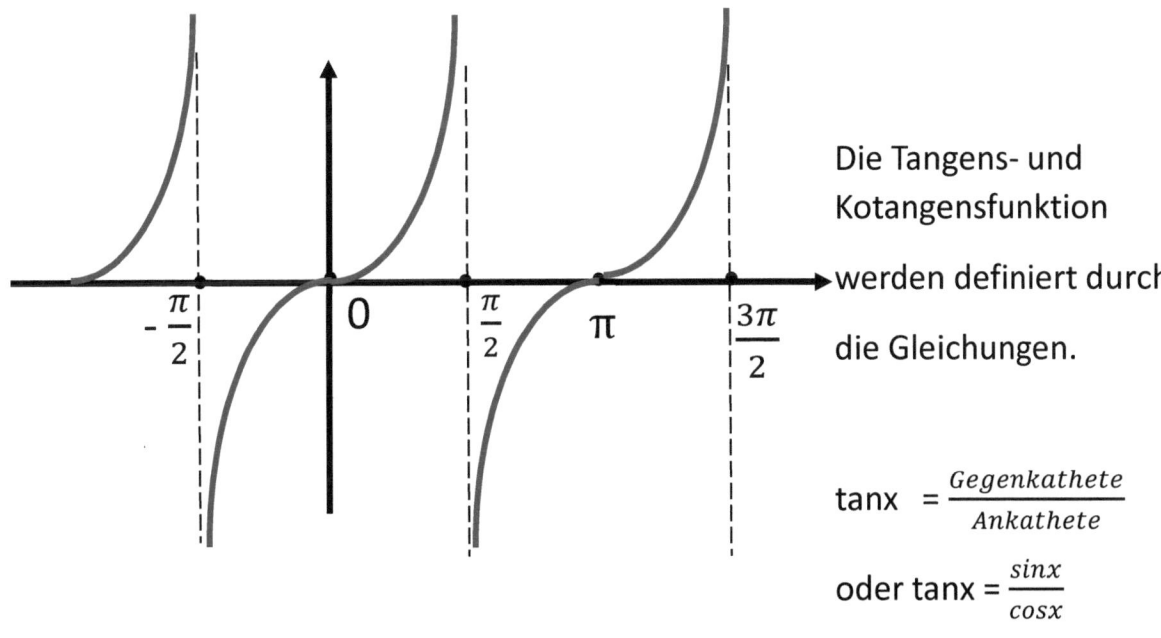

Die Tangens- und Kotangensfunktion werden definiert durch die Gleichungen.

$$\tan x = \frac{Gegenkathete}{Ankathete}$$

oder $\tan x = \frac{sin x}{cos x}$

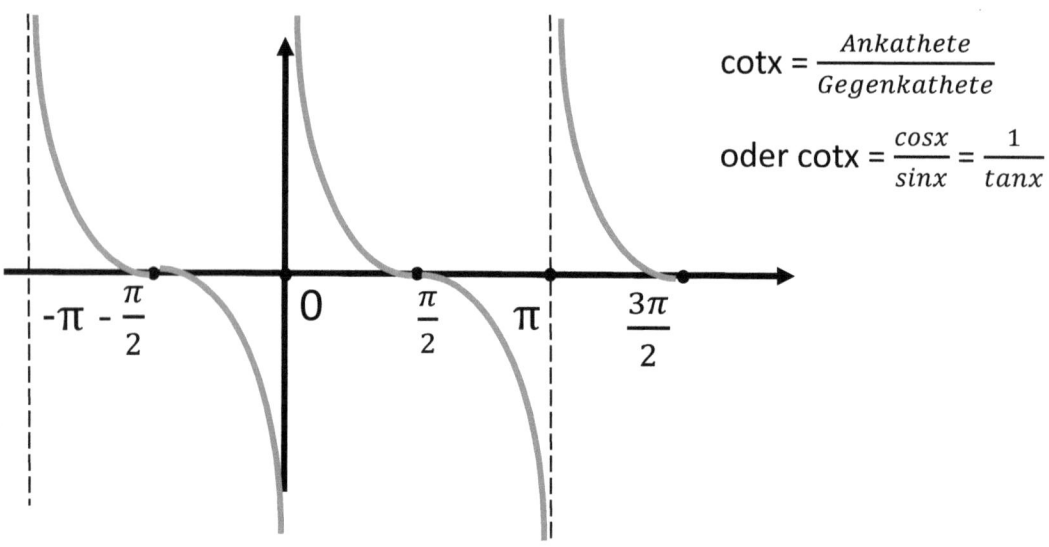

$$\cot x = \frac{Ankathete}{Gegenkathete}$$

$$\text{oder } \cot x = \frac{cos x}{sin x} = \frac{1}{tan x}$$

Wichtige Beziehungen zwischen trigonometrischen Funktionen

Aus den Schaubildern erkennen wir: $\cos x = \sin (x + \frac{\pi}{2})$ oder $\sin x = \cos (x - \frac{\pi}{2})$

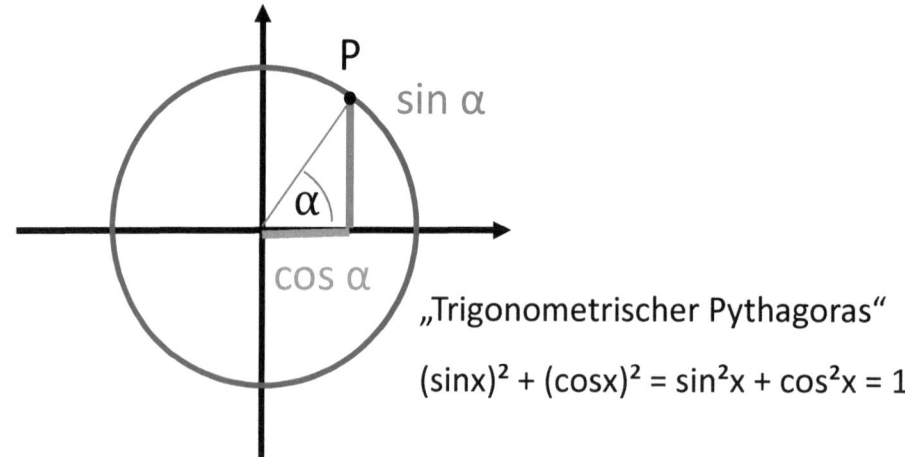

„Trigonometrischer Pythagoras"

$$(\sin x)^2 + (\cos x)^2 = \sin^2 x + \cos^2 x = 1$$

Trigonometrische Funktionen von Winkelsummen

Additionstheoreme

$$\sin(x_1 \pm x_2) = \sin x_1 \cdot \cos x_2 \pm \cos x_1 \cdot \sin x_2$$

$$\cos(x_1 \pm x_2) = \cos x_1 \cdot \cos x_2 \pm \sin x_1 \cdot \sin x_2$$

$$\tan(x_1 \pm x_2) = \frac{\tan x_1 \pm \tan x_2}{1 \pm \tan x_1 \cdot \tan x_2}$$

Aufgaben trigonometrische Funktionen

1) $4 \sin x = 3 \cos x$

2) $3 \sin x - 2 \cos x + 3 = 0$

1.15 Elementare Funktionen

1.15.1 Ganz - rationale Funktionen

a) Potenzfunktion 1. Grades (lineare Funktion)
Allgemeine Funktionsgleichung: $y = a_0 + a_1 x = mx + b$

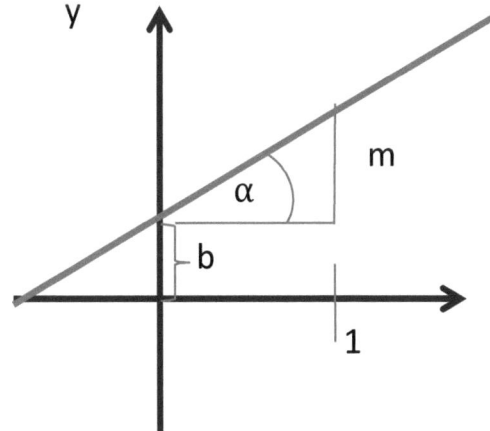

$\tan \alpha = \dfrac{m}{1} = m$ (Steigungsfaktor)

Der Koeffizient b gibt den Schnittpu

der Geraden mit der y-Achse an.

b) Potenzfunktion 2. Grades (quadratische Funktion)

Allgemeine Funktionsgleichung: $y = a_0 + a_1x + a_2x^2$

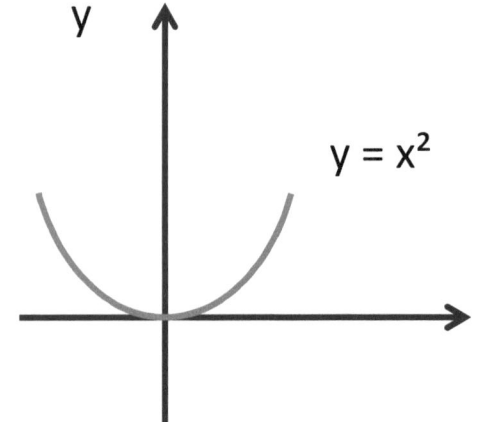

Normalparabel

(axialsymmetrisch zur y-Achse,

gerade Funktion, Scheitel liegt im

Koordinatenursprung)

c) Potenzfunktion 3. Grades (kubische Funktion) und höher , ungerade, $n \geq 3$

Allgemeine Funktionsgleichung: $y = a_0 + a_1x + a_2x^2 + a_3x^3$

Kubische Parabel, bei nur ungeraden Glieder

=> zentralsymmetrisch zum Nullpunkt
(ungerade Funktion)

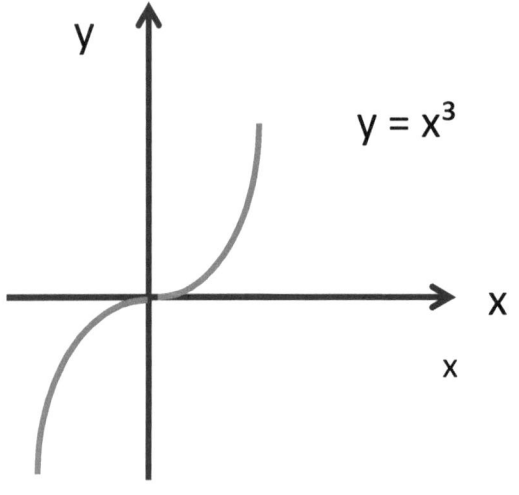

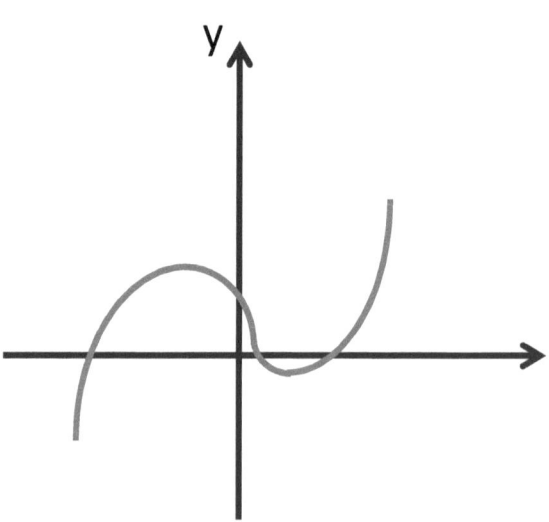

$y = x^3 - x^2 - x + 0{,}5$, ein Wendepunkt,

maximal 3 Nullstellen

d) Potenzfunktion 4. und höheren Grades, gerade, $n \geq 4$

Allgemeine Funktionsgleichung: $y = a_0 + a_1 x + a_2 x^2 + a_3 x^3 +$

wie Parabel $y = x^2$, nur steiler, axialsymmetrisch zur y-Achse

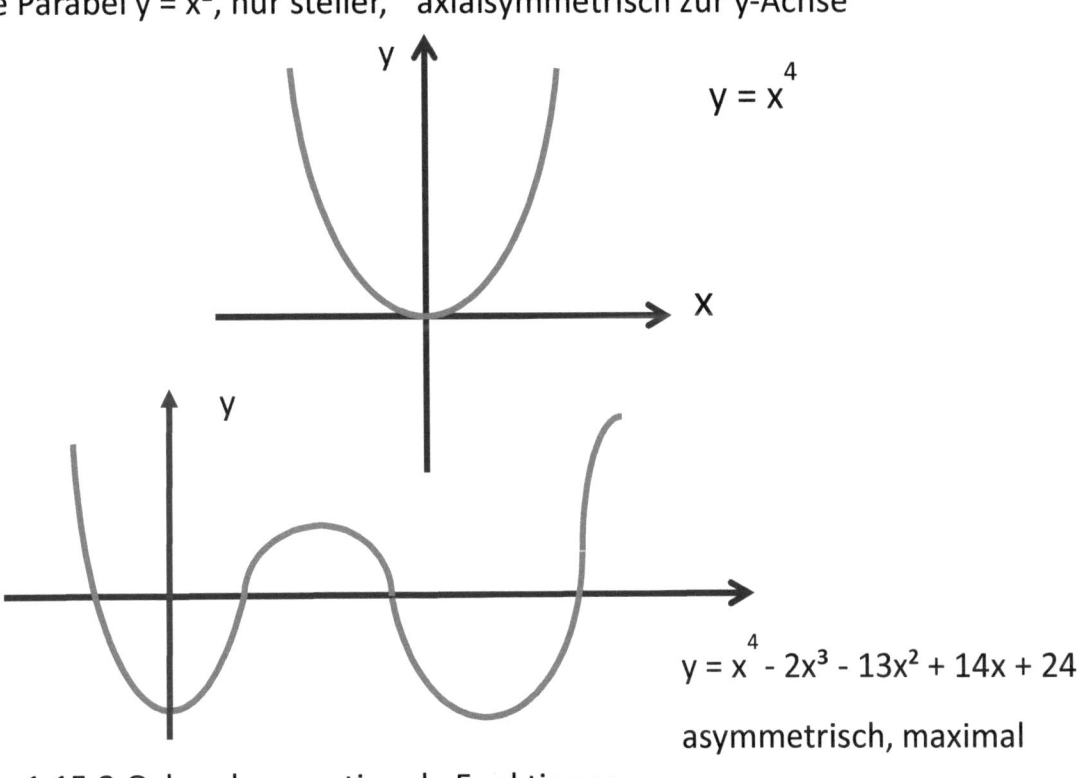

$y = x^4$

$y = x^4 - 2x^3 - 13x^2 + 14x + 24$

asymmetrisch, maximal

4 Nullstellen!

1.15.2 Gebrochen - rationale Funktionen

Funktionen, die als Quotient zweier Polynomfunktionen $Z(x)$ und $N(x)$ (ganz-rationale Funktionen) darstellbar sind, heißen gebrochen-rationale Funktionen.

$$y = f(x) = \frac{a_0 + a_1 x + a_2 x^2 + \dots a_n x^n}{b_0 + b_1 x + b_2 x^2 + \dots b_m x^m} = \frac{\sum\limits_{i=0}^{n} a_i x^i}{\sum\limits_{i=0}^{m} b_i x^i}$$

Eine gebrochen - rationale Funktion ist für jedes $x \in \mathbb{R}$ definiert, mit Ausnahme der Nullstelle des Nennerpolynoms.

Man unterscheidet zwischen echt und unecht gebrochen-rationale Funktionen:

1. n < m : echt gebrochen oder Grad Z(x) < N (x)

$$y = \frac{1}{x} \; ; \qquad y = \frac{x^2 - 3x + 4}{x^3 - 4x + 1}$$

2. n ≥ m : unecht gebrochen oder Grad Z(x) ≥ Grad N(x)

$$y = \frac{3x^2 - x + 1}{2x^2 + 1} \; ; \qquad y = \frac{x^2 - 3x + 4}{x - 1}$$

Jede unecht gebrochen-rationale Funktion (m < n) lässt sich durch Division Z(x) durch N(x) in eine ganze und eine echt gebrochen-rationale Funktion zerlegen.

Beispiel:

$$(x^2 - 3x + 4) : (x - 1) = x - 2 + \frac{2}{x - 1}$$

$\underline{- (x^2 - x)} \qquad\qquad$ p(x)   r(x)

$\quad - 2x + 4$

$\underline{- (-2x + 2)} \qquad \frac{Z(x)}{N(x)}$ = p(x) + r(x)

$\qquad + 2$

Für bestimmte x-Werte von N(x) (Nullstelle des Nennerpolynoms) existieren keine reellen Funktionswerte y. An dieser Stelle ist die Funktion unstetig. Der Graph nimmt hier hohe positive oder negative y-Werte an (y => $\pm\infty$). Man nennt diese Stelle einen Pol (Unendlichkeitsstelle). Die in diesem Punkt senkrecht auf der x-Achse stehende Gerade heißt Asymptote. (Für x -> a => f(x) = $\pm\infty$) Der Graph der Funktion schmiegt sich dabei an die in der Polstelle errichtete Parallele zur y-Achse an. Verhält sich die Funktion bei

Vorzeichenwechsel vor: $\lim\limits_{x \to 0} f(x) = +\infty$; $\lim\limits_{x \to 0} f(x) = -\infty$

(oder umgekehrt)

Beispiel: a) $y = \dfrac{1}{x}$ b) $y = \dfrac{1}{x^2}$

rechtwinklige Hyperbel   gleichseitige Hyperbel

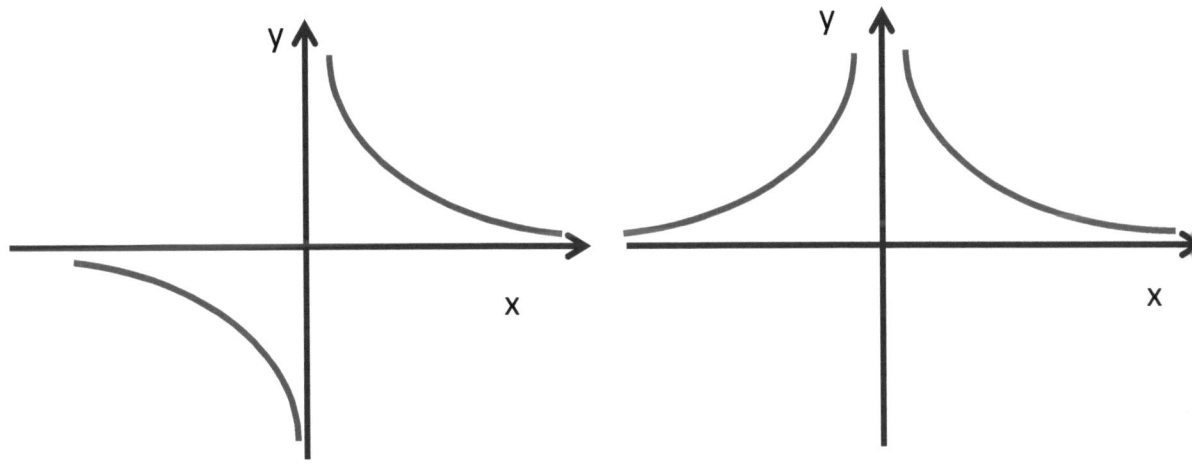

1.15.3 Wurzelfunktionen und Relationen

Es handelt sich hier um spezielle Potenzfunktionen mit gebrochenen Exponenten (inverse Funktion von Potenzfunktionen):

$$y = \sqrt[n]{m} = x^{\frac{m}{n}} \; ; \; m \neq n$$

a) Wurzelexponent ungerade (n ≥ 3, ungerade)

Beispiel: $y = \sqrt[3]{x} = x^{\frac{1}{3}}$

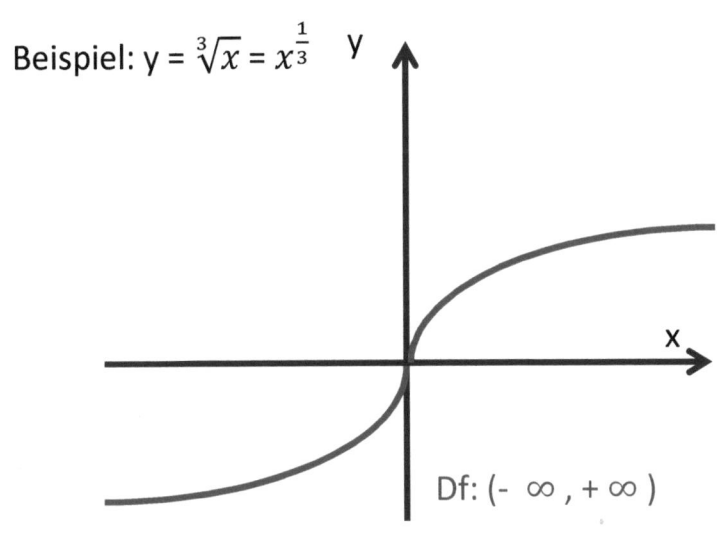

Df: $(-\infty, +\infty)$

Die Funktion ist eindeutig, da jedem x-Wert genau ein y-Wert zugeordnet ist. Sie existiert für alle x-Werte und ist stetig. Dies gilt auch für die übrigen Wurzelfunktionen, bei denen der Exponent eine ungerade Zahl ist (z.B. : $y = x^{\frac{1}{5}}$, $y = x^{\frac{1}{7}}$).

b) Wurzelexponent gerade (n ≥ 2, gerade)

Beispiel: $y = \pm x^{\frac{1}{2}} = \pm \sqrt{x}$

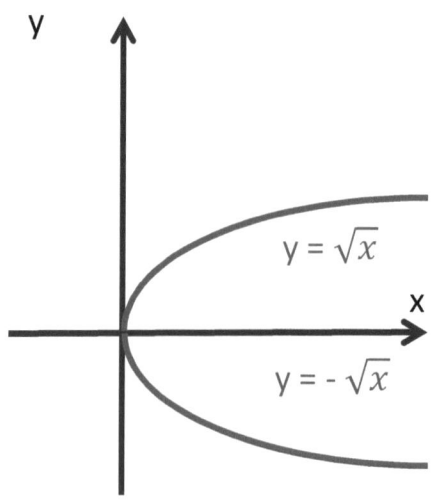

Die Funktion ist mehrde
da zu einem x-Wert zwe
Werte gehören. Man sp
von einer Relation. Um
Funktion eindeutig zu
machen, wird sie in zwe
einzelne Funktionen ze

$y_I = + \sqrt{x}$; $y_{II} = - \sqrt{x}$

Dies gilt ebenso für y =
$y = \sqrt[6]{x}$;

c) Besondere Relationen

Kreis : $y = \pm \sqrt{9 - x^2}$

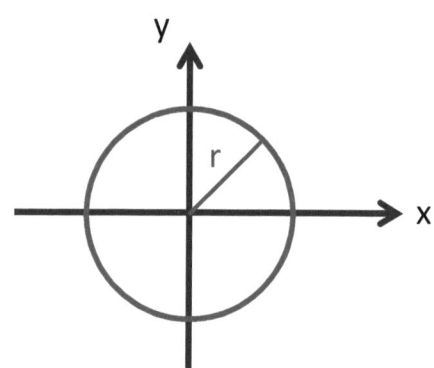

Ellipse: $y = \pm \frac{2}{3}\sqrt{9 - x^2}$

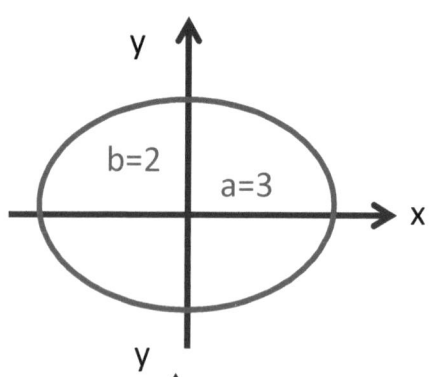

Hyperbel: $y = \pm \frac{2}{3}\sqrt{x^2 - 9}$

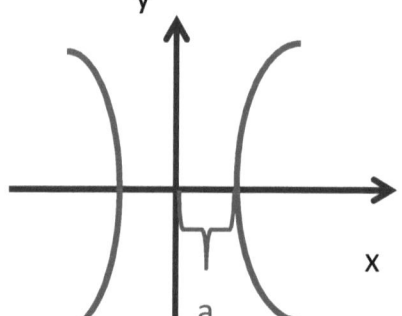

1.16 Arithmetische und geometrische Folgen und Reihen

1.16.1 Folge und Reihe

Eine Folge ist eine nach einem bestimmten Gesetz aufeinander-folgende Anzahl von Zahlen. Die einzelnen Zahlen heißen Glieder der Folge : a_1 , a_2 ... a_n

Durch Addition der einzelnen Glieder entsteht eine Reihe:

$$s_n = a_1 + a_2 + ... + a_n$$

1.16.2 Arithmetische Folge und Reihe

Bei den arithmetischen Folgen und Reihen ist die Differenz zweier aufeinanderfolgender Glieder über die ganze Folge und Reihe konstant: $d = a_{k+1} - a_k$

Die Differenz kann positiv oder negativ sein, je nachdem, ob die Folge bzw. Reihe steigt oder fällt.

Folgen: a) -3,0,3,6,9,12   ; d = 6 – 3 = 3   steigend

b) 16,14,12,10,8 ; d = 12 – 14 = -2   fallend

c) 1,1,1,1   ; d = 0   konstante Folge

allgemein: a_1 , a_2 , a_3 ... $a_n = a_1$, $a_1 + d$, $a_1 + 2d$, . , $a_1 + (n-1)d$

1.   2.   3. a_n. Glied

$$a_n = a_1 + (n-1)\, d$$

Reihen: $s_6 =$ 2 + 4 + 6 + 8 + 10 + 12; d = +2

s_6 = 20 + 17 + 14 + 11 + 8 + 5; d = -3

allgemein : $s_n = a_1 + a_2 + a_3 + \dots + a_n$

$$s_n = a_1 + (a_1 + d) + (a_1 + 2d) + \dots [a_1 + (n-2)d] + [a_1 + (n-1)d]$$

$\qquad\qquad$ 1. $\qquad$ 2. $\qquad\qquad$ 3. $\qquad\qquad$ (n – 1)-te Glied $\qquad$ n. Glied

$$s_n = \frac{n}{2}(a_1 + a_n) = \frac{n}{2}[2a_1 + (n-1)d]$$

Monotonie: monoton steigend $\qquad\qquad$: $\qquad a_{k+1} \geq a_k$

$\qquad\qquad$ streng monoton steigend $\qquad$: $\qquad a_{k+1} > a_k$

$\qquad\qquad$ monoton fallend $\qquad\qquad$: $\qquad a_{k+1} \leq a_k$

$\qquad\qquad$ streng monoton fallend $\qquad\qquad$: $\qquad a_{k+1} < a_k$

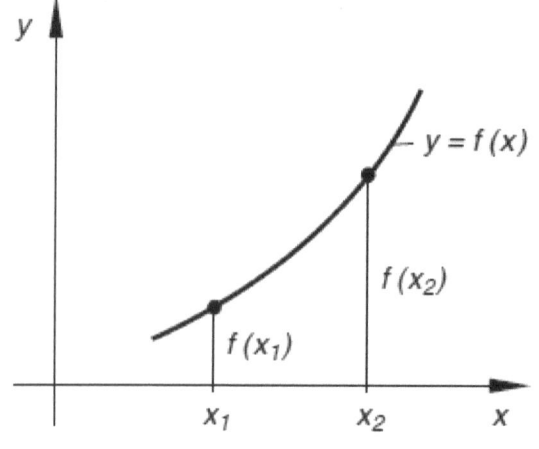

Monotonie anschaulich

streng monoton wachsend

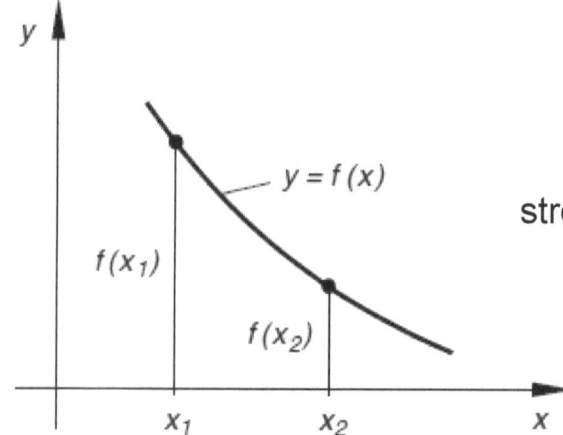

streng monoton fallend

1.6.2 Aufgaben arithmetische Folgen und Reihen

1) Auf einem Lagerplatz sind Rohre gestapelt: Wie viele Rohre können gestapelt werden, wenn in der ersten Reihe 12 Rohre liegen?

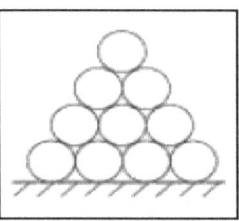

2) $a_1 = 1$, $d = 3$, $a_{10} = ?$, $s_{10} = ?$, $n = 10$

3) Von einer arithmetischen Reihe sind die ersten beiden Glieder und die Summe s_n bekannt. Wie groß sind n und a_n?

$$a_1 = 3\frac{1}{3}, \quad a_2 = 4\frac{2}{3}, \quad s_n = 448, \quad n \in Z^+$$

1.16.3 Die geometrische Folge und Reihe

Bei geometrischen Folgen und Reihen geht jedes Glied aus dem vorhergehenden durch Multiplikation mit dem gleichen Faktor hervor oder der Quotient q zweier aufeinanderfolgender Glieder einer Folge oder Reihe ist konstant: $q = \dfrac{a_{k+1}}{a_k}$

Fälle :

a) q > 0 (positiv, alle Glieder haben gleiches Vorzeichen)

q > 1 : 3, 9, 27, 81;   q = 3, steigende Folge

q < 1 : 64, 32, 16, 8; $q = \dfrac{1}{2}$, fallende Folge

q = 1 : 3, 3, 3, 3;   q = 1, konstante Folge

b) q < 0 (negativ, die Glieder haben abwechselndes Vorzeichen)

3, -6, 12, - 24;   q = -2,   alternierend

Formeln der geometrischen Folge:

$$a_1, a_1q, a_1q^2, a_1q^3, …, a_1q^{n-1} \quad => \quad a_n = a_1 \cdot q^{n-1}$$

1. 2.   3.   4.   n. Glied;

Beispiel: $k_n = k_0 \cdot q^n$, mit $q = 1 + \frac{p}{100}$ Zinseszinsformel

Formel der geometrischen Reihe:

$$s_n = a_1 + a_1q + a_1q^2 + … + a_1q^{n-1} \quad | \cdot q$$

$$q \cdot s_n = \quad a_1q + a_1q^2 + … + a_1q^{n-1} + a_1q^n$$

$$s_n - q \cdot s_n = a_1 \qquad\qquad - a_1q^n$$

$$s_n(1 - q) = a_1(1 - q^n) \quad => \quad s_n = \frac{a_1(1 - q^n)}{1 - q} = \frac{a_1(q^n - 1)}{q - 1}$$

$$[\, q < 1 \,] \qquad [\, q > 1 \,]$$

Aufgaben geometrische Reihe:

1) Wie groß ist das 9. Glied der geometrischen Reihe und die Summe der ersten 9 Glieder?

$$a_1 = \frac{1}{8}, \, a_2 = \frac{1}{4}; \quad a_n =?, \, s_n = ?$$

2) Wie viele Glieder hat die folgende geometrische Reihe und wie heißt das Endglied?

$$a_1 = -\frac{3}{2}, \qquad\qquad q = -2, \qquad\qquad s_n = 127,5$$

3) Die Summe des 5. und des 6. Gliedes einer geometrischen Folge beträgt 2268; die Differenz des 5. und 6. Gliedes verhält sich zur Differenz des 10. und 11. Gliedes wie 1 zu 243. Man berechne das Anfangsglied und den Quotienten der Folge.

$$a_1 = ? ; \qquad q = ?$$

Lösungen

Lösungen Ebene Trigonometrie

1) Geg.: c = 56,40 m, α = 38°16'. Gesucht: a, b, β.

β = 90° - 38°16' = 51° 44'

a = c · sin α = 56,4 · sin 38,266 = 34,93 m ;   b = c · cos α

= 56,4 · cos 38,266 = 44,28 m

2) Geg.: a = 148,20 m, β = 56°23'. Gesucht: b, c, α.

α = 90° - 56°23' = 33° 37'

b = a · tanβ = 148,20 · tan 56,383 = 222,92 m;

$c = \dfrac{b}{\sin\beta} = \dfrac{222,92}{\sin 56,383} = 267,7$ m

3) Geg.: a = 345 m, c = 2,36 km. Gesucht: b, α, β.

β = 90° - 8°24' = 81° 36'

$\sin\alpha = \dfrac{a}{c} = \dfrac{345}{2360} = 0,146$; arcsin α = 8,41 = 8°24' ;

b = c · cos α = 2360 · cos 8,41 = 2334,65 m

4) Geg.: a = 10,74 m, b = 6,48 m. Gesucht: c, α, β.

β = 90° - 58°54' = 31° 6'

$\tan\alpha = \dfrac{a}{b} = \dfrac{10,74}{6,48} = 1,657$; arctan α = 58,895 = 58°54' ;

$c = \dfrac{a}{\sin\alpha} = \dfrac{10,74}{\sin 58,895} = 12,54$ m

Lösungen rechtwinkliges Dreieck:

1) Ein kugelförmiger Freiballon mit dem Durchmesser d = 16 m wird unter einem Sehwinkel von α = 22' beobachtet. Wie weit ist der Mittelpunkt des Ballons vom Beobachter entfernt?

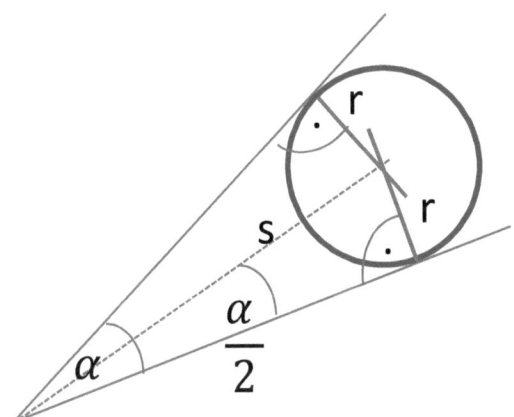

$$\sin \frac{\alpha}{2} = \frac{r}{s}$$

$$\Rightarrow s = \frac{r}{\sin \frac{\alpha}{2}} = \frac{8}{\sin \frac{11}{60}} = 2500,18 \text{ m}$$

2) Welchen Kurs muss ein Flugzeug steuern, das eine Endgeschwindigkeit vom Betrag v = 320 km/h besitzt und genau nach Osten fliegen soll, wenn SW-Wind von der Stärke 9 m/s weht? Wie lange dauert es, bis die Zielentfernung in 1500 km erreicht wird?

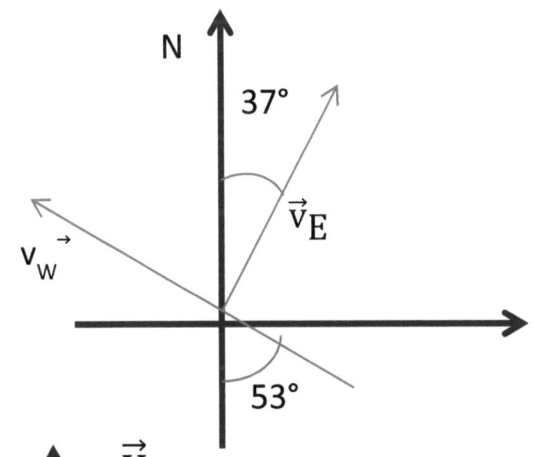

$$\vec{v}_W = 20 \text{m/s} \cdot \frac{3600}{1000} = 72 \text{ km/h}$$

$$\vec{v}_E + \vec{v}_W = \vec{v}_G$$

$$\tan\alpha = \frac{\vec{v}_W}{\vec{v}_E} = \frac{72}{320} = 0,2250;$$

$$\arctan 0,2250 = 12,68°$$

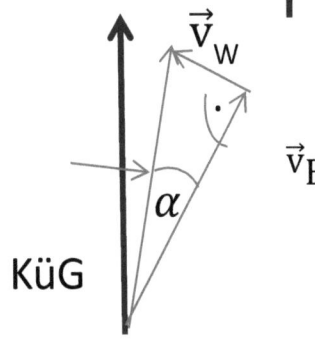

$$\sin\alpha = \frac{\vec{v}_W}{\vec{v}_G} \Rightarrow \vec{v}_G = \frac{\vec{v}_W}{\sin\alpha} = \frac{72}{\sin 12,68°} = 328 \text{ km/h}$$

KüG = 37° -12,68° = 24,32°

1500/328 = 4,573 h = 4h 34,4 min

3) Von einem Aussichtsturm A aus sieht man einen Punkt B im Tal unter dem Senkungswinkel β = 39° 21′. Auf der Karte 1 : 25000 beträgt die Entfernung AB = 18 mm. Wie hoch liegt A über B?

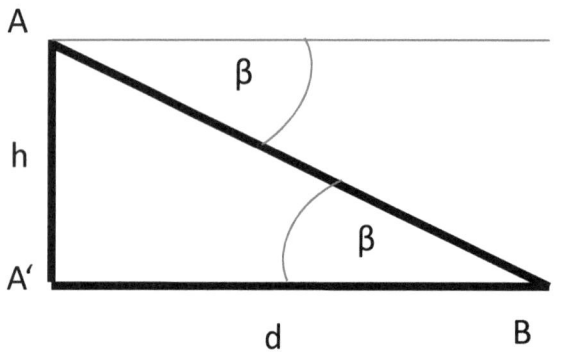

$d = 25000 \cdot 18 = 450000 \text{ mm} =$

$\tan \beta = \dfrac{h}{d} => h = d \cdot \tan \beta$

$h = \tan 39° 21′ \cdot 450$

$= 368{,}98 \text{ m} \approx 367 \text{ m}$

Eine Ladung Sand von der Masse 15 t wird in Form eines Kegelstumpfes von h = 1m aufgeschüttet (ρ = 1,7 t/m³). Wie groß sind die beiden Grundhalbmesser, wenn der Böschungswinkel α = 26° beträgt ?

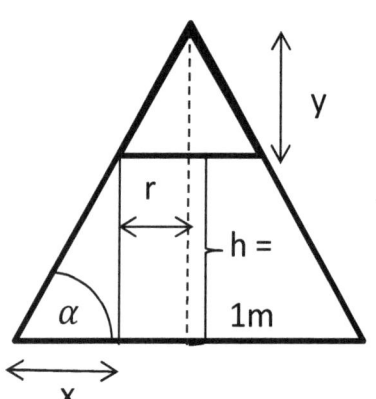

$\dfrac{y}{r} = \dfrac{h}{x} => y = \dfrac{h \cdot r}{x} = \dfrac{r}{x} \; ;$

$\tan 26° = \dfrac{h}{x} => x = \dfrac{h}{\tan 26°} \approx 2{,}05 \text{ m}$

$$m = V \cdot \rho$$

$$=> V = \dfrac{m}{\rho} = V_{\text{großer Kegel}} - V_{\text{klein}}$$

Kegel

$= \dfrac{1}{3} \pi (x + r)^2 \cdot (h + y) - \dfrac{1}{3} \pi r^2 y => \dfrac{15}{1{,}7} = \dfrac{1}{3} \pi (x+r)^2 \cdot (1 + y) - \dfrac{1}{3} \pi r^2 y \mid \cdot \dfrac{3}{\pi}$

$=> \dfrac{45}{1{,}7\pi} = (x+r)^2 \cdot (1 + \dfrac{r}{x}) - r^2 \cdot \dfrac{r}{x} = (x^2 + 2xr + r^2) (1 + \dfrac{r}{x}) - \dfrac{r^3}{x}$

$\dfrac{45}{1{,}7\pi} = x^2 + 2xr + r^2 + rx + 2r^2 + \dfrac{r^3}{x} - \dfrac{r^3}{x} = 3r^2 + 3xr + x^2 \mid : 3$

$\dfrac{15}{1{,}7\pi} = r^2 + xr + \dfrac{x^2}{3} => r^2 + 2{,}05r + \underbrace{\dfrac{2{,}05^2}{3} - \dfrac{15}{1{,}7\pi}}_{-1{,}408} = 0$

p,q – Formel $\Rightarrow r_{1,2} = -1{,}025 \pm \sqrt{1{,}025^2 + 1{,}408}$

r = 0,543 m; R = x + r = 2,05 + 0,543 = 2,593 m

Lösungen rechtwinkliges Dreieck:

1) In einem Dreieck sind gegeben: $\alpha = 40°$, $\gamma = 60°$ und b = 8 cm. Bestimmen Sie die übrigen Seiten und Winkel!

$\beta = 180° - (\alpha + \gamma) = 180° - (40° + 60°) = 80°$

$\frac{c}{b} = \frac{\sin\gamma}{\sin\beta} \Rightarrow c = \frac{\sin\gamma}{\sin\beta} \cdot b = \frac{\sin 60°}{\sin 80°} \cdot 8 \text{ cm} = 7{,}04 \text{ cm}$

$a^2 = b^2 + c^2 - 2bc \cdot \cos\alpha \Rightarrow a = \sqrt{b^2 + c^2 - 2bc \cdot \cos\alpha}$

$a = \sqrt{8^2 + 7{,}04^2 - 2 \cdot 8 \cdot 7{,}04 \cdot \cos 40°} = 5{,}22 \text{ cm}$

oder $\frac{a}{b} = \frac{\sin\alpha}{\sin\beta} \Rightarrow a = \frac{\sin\alpha}{\sin\beta} \cdot b = \frac{\sin 40°}{\sin 80°} \cdot 8 = 5{,}22 \text{ cm}$

2) Welchen Kurs muss ein Flugzeug steuern, das eine Endgeschwindigkeit vom Betrag v = 320 km/h besitzt und genau nach Osten fliegen soll, wenn SW-Wind von der Stärke 9 m/s weht? Wie lange dauert es, bis die Zielentfernung in 1500 km erreicht wird?

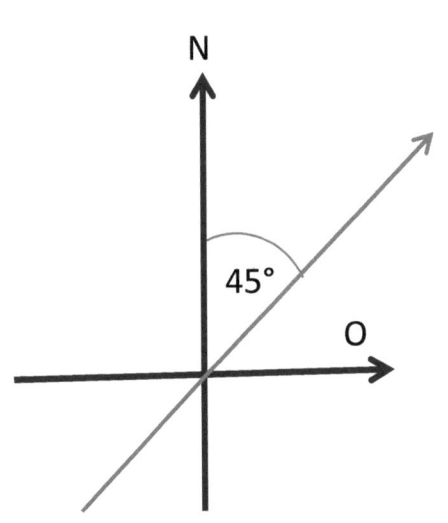

$\vec{v}_W = 9\text{m/s} = 9 \cdot 3{,}6 = 32{,}4 \text{ km/h}$;

W-Richtung 45°

$\vec{v}_E = 320 \text{ km/h}$; KüG 90°

$\vec{v}_E + \vec{v}_W = \vec{v}_G$

$\frac{\sin\beta}{\sin\alpha} = \frac{\vec{v}_W}{\vec{v}_E} \Rightarrow \sin\beta = \frac{\vec{v}_E}{\vec{v}_E} \cdot \sin\alpha$

$= \frac{32{,}4}{320} \cdot \sin 45°$;

$\beta = 4{,}11°$,

$\gamma = 180° - 45° - 4{,}11° = 130{,}89°$

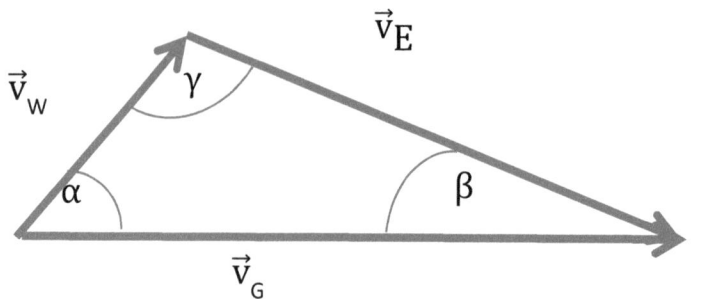

$$\vec{v}_G{}^2 = \vec{v}_W{}^2 + \vec{v}_E{}^2 - 2\,\vec{v}_W \cdot \vec{v}_E \cdot \cos\gamma$$

$$\vec{v}_G = \sqrt{32{,}4^2 + 320^2 - 2 \cdot 32{,}4 \cdot 320 \cdot \cos 130{,}89°} \qquad \vec{v}_G = 342{,}08 \text{ km/h}$$

Alternativ: Sinussatz $\qquad v = \dfrac{s}{t} \Rightarrow t = \dfrac{s}{v} = \dfrac{1500}{342{,}08} = 4\text{h } 23{,}1 \text{ min}$

$$\frac{\sin\gamma}{\vec{v}_G} = \frac{\sin45°}{\vec{v}_E} \Rightarrow \vec{v}_G = \frac{\sin130{,}89°}{\sin45°} \cdot 320 = 342{,}11 \text{ km/h}$$

3) Durch einen Bergrücken soll von P nach Q ein waagerechter Tunnel getrieben werden. Um Länge und Richtung des Tunnels zu bestimmen, steckt man auf dem Bergrücken eine waagerechte Standlinie AB = a = 485,7 m ab und misst die Horizontalwinkel $\alpha_1 = 59°27'$, $\alpha_2 = 41°32'$, $\beta_1 = 67°19'$, $\beta_2 = 70°41'$. Wie groß ist der Winkel δ?

P

Aufsicht

$\gamma_1 = 180° - \alpha_1 - \beta_1 = 180° - 59°27' - 67°19' = 53°14'$

$\gamma_2 = 180° - \alpha_2 - \beta_2 = 180° - 41°32' - 70°41' = 67°47'$

$\frac{AP}{a} = \frac{\sin\beta_1}{\sin\gamma_1} \Rightarrow AP = \frac{\sin\beta_1}{\sin\gamma_1} \cdot a$

$= \frac{\sin67°19'}{\sin53°14'} \cdot 485{,}7 = 559{,}41 \text{ m}$

$\frac{AQ}{a} = \frac{\sin\beta_2}{\sin\gamma_2} \Rightarrow AQ = \frac{\sin\beta_2}{\sin\gamma_2} \cdot a$

$= \frac{\sin70°41'}{\sin67°47'} \cdot 485{,}7 = 495{,}11 \text{ m}$

Q

26

$$PQ = \sqrt{AP^2 + AQ^2 - 2\,AP \cdot AQ \cdot \cos(\alpha_1 + \alpha_2)}$$

$$PQ = \sqrt{559{,}41^2 + 495{,}11^2 - 2 \cdot 559{,}41 \cdot 495{,}11 \cdot \cos(59°27' + 41°32')}$$

$$= 814{,}62 \text{ m}$$

$$\frac{\sin \delta}{AQ} = \frac{\sin(\alpha_1 + \alpha_2)}{PQ} \; ; \; \sin \delta = \frac{\sin(\alpha_1 + \alpha_2)}{PQ} \cdot AQ$$

$$\sin \delta = \frac{\sin 100°59'}{814{,}62} \cdot 495{,}11 = 0{,}596647$$

$$\delta = 36{,}63° = 36°37{,}8'$$

Aufgabe: 1)   4 sinx = 3 cosx

Man dividiert mit cosx

$4 \tan x = 3 \Rightarrow \tan x = \dfrac{3}{4} \Rightarrow x_1 = 36° \, 52'$ und $x_2 = 216°52'$

Da sinx die Periode 360° hat, so erhält man weitere Lösung, wenn man zu x_1, x_2, x_3 Vielfache von 360° addiert.

Lösungen trigonometrische Funktionen

2) 3sinx − 2cos x + 3 = 0   **Erste Lösung:** $\sin^2 x + \cos^2 x = 1$

Man setzt $\cos x = \sqrt{1 - \sin^2 x}$ und erhält:

$3\sin x + 3 = 2\sqrt{1 - \sin^2 x}$

9sin²x + 18sinx + 9 = 4 (1 - sin²x)

13sin²x + 18sinx + 5 = 0

$$\sin^2 x + \frac{18}{13}\sin x + \frac{5}{13} = 0$$

$$\sin x_{1,2} = -\frac{9}{13} \pm \sqrt{\left(\frac{9}{13}\right)^2 - \frac{5}{13}} = -\frac{9}{13} \pm \sqrt{\frac{81-65}{13^2}} = -\frac{9}{13} \pm \frac{4}{13} = \sin x_1 = -\frac{5}{13}, \sin x$$

$\sin x_1 = -\dfrac{5}{13} \Rightarrow x_1 = -22{,}62° + 360° = 337{,}38°$ $\sin x_2 = -1 \Rightarrow x_2 = 270$

Probe, da Wurzellösung:

für x_1: 3 (sin 337,38°) − 2 (cos 337,38°) + 3 = 0, x_1 ist eine Lösung

für x_2: 3 (- 1) − 2 (0)   + 3 = 0 , x_2 ist eine Lösung

Zweite Lösung: Zugehörige Doppelwinkelfunktionen:

$$\sin 2\alpha = \frac{2\tan\alpha}{1+\tan^2\alpha} \qquad \cos 2\alpha = \frac{1-\tan^2\alpha}{1+\tan^2\alpha}$$

Dies ergibt => $3\,\dfrac{2\tan\frac{1}{2}x}{1+\tan^2\frac{1}{2}x} - 2\,\dfrac{1-\tan^2\frac{1}{2}x}{1+\tan^2\frac{1}{2}x} + 3 = 0$

$\alpha = \dfrac{1}{2}x$ => $\sin x = \dfrac{2\tan\frac{1}{2}x}{1+\tan^2\frac{1}{2}x}$; $\cos x = \dfrac{1-\tan^2\frac{1}{2}x}{1+\tan^2\frac{1}{2}x}$

$3 \cdot 2\tan\frac{1}{2}x - 2\left(1-\tan^2\frac{1}{2}x\right) + 3\left(1+\tan^2\frac{1}{2}x\right) = 0$

$5\tan^2\frac{1}{2}x + 6\tan\frac{1}{2}x + 1 = 0$ => $\tan^2\frac{1}{2}x + \frac{6}{5}\tan\frac{1}{2}x + \frac{1}{5} = 0$

$\tan\frac{1}{2}x = -\frac{3}{5} \pm \sqrt{\left(-\frac{3}{5}\right)^2 - \frac{1}{5}}$ => $\tan\frac{1}{2}x = -\frac{3}{5} \pm \frac{2}{5}$ => $-\frac{1}{5}$; - 1

$\tan\frac{1}{2}x = -\frac{1}{5}$ $\tan\frac{1}{2}x = - 1$

$\frac{1}{2}x = 168°41'$ => $x_1 = 337°22'$ $\frac{1}{2}x = 135°$ => $x_2 = 270°$

Lösungen arithmetische Folgen und Reihen

1) Auf einem Lagerplatz sind Rohre gestapelt:
   Wie viele Rohre können gestapelt werden, wenn in der ersten Reihe
   12 Rohre liegen?

   In jeder Reihe liegt ein Rohr weniger als in der vorhergehenden:

   es ergibt sich die Zahlenfolge:

   $a_1 = 12$, $a_2 = 11$, $a_3 = 10$, ..., $a_{12} = 1$ => $a_{n+1} − a_n = d = -1$ (n = 1, ..., 11)

   Gesucht ist die Summe: $s_n = \dfrac{n}{2}(a_n + a_1) = \dfrac{12}{2}(1 + 12) = 78$

$s_{10} = \frac{10}{2}(1 + 28) = 145$; wenn a_n unbekannt

$=> s_{10} = \frac{10}{2}[2 \cdot 1 + (10 - 1) \cdot 3] = 145$

2) $a_1 = 1$, $d = 3$, $a_{10} = ?$, $s_{10} = ?$, $n = 10$

$a_{10} = 1 + (10 - 1)\,3 = 28$. $a_n = a_1 + (n - 1)\,d$

3) Von einer arithmetischen Reihe sind die ersten beiden Glieder

und die Summe s_n bekannt. Wie groß sind n und a_n?

$a_1 = 3\frac{1}{3}$, $a_2 = 4\frac{2}{3}$, $s_n = 448$, $n \in Z^+$ $d = 4\frac{2}{3} - 3\frac{1}{3} = 1\frac{1}{3} = \frac{4}{3}$

$448 = \frac{n}{2}[2 \cdot 3\frac{1}{3} + (n - 1) \cdot \frac{4}{3}] = \frac{10}{3}n + \frac{2}{3}n^2 - \frac{2}{3}n$

$\frac{2}{3}n^2 + \frac{8}{3}n - 448 = 0 \mid \cdot \frac{3}{2}$

$n^2 + 4n - 672 = 0$ $n_{1,2} = -2 \pm \sqrt{4 + 672}$

$= -2 \pm 26$ $n_1 = -28 \ (\notin Z^+)$; $n_2 = 24$

$=> a_{24} = \frac{10}{3} + (24 - 1)\frac{4}{3} = \frac{102}{3} = 34$

Lösungen geometrische Reihe

1) Wie groß ist das 9. Glied der geometrischen Reihe
    und die Summe der ersten 9 Glieder?

$a_1 = \frac{1}{8}$, $a_2 = \frac{1}{4}$; $a_n = ?$, $s_n = ?$

$q = \frac{a_{k+1}}{a_k}$ $q = \frac{\frac{1}{4}}{\frac{1}{8}} = 2$, $n = 9$; $q = +2$ => steigende Folge

$a_n = a_1 \cdot q^{n-1}$ $a_9 = \frac{1}{8} \cdot 2^{9-1} = \frac{1}{2^3} \cdot 2^8 = 2^5 = 32$

$s_n = \frac{a_1(q^n - 1)}{q - 1}$ $s_9 = \frac{\frac{1}{8}(2^9 - 1)}{2 - 1} = 2^{-3} \cdot 2^9 - \frac{1}{8} = 63\frac{7}{8} = 63{,}875$

$[\, q > 1 \,]$

2) Wie viele Glieder hat die folgende geometrische
Reihe und wie heißt das Endglied?

$$a_1 = -\frac{3}{2}, \qquad\qquad q = -2, \qquad\qquad s_n = 127{,}5$$

$$s_n = \frac{a_1\,(1 - q^n)}{1 - q} \qquad [\,q < 1\,]$$

$$127{,}5 = \frac{\left(-\frac{3}{2}\right)\cdot[\,1 - (-2)^n\,]}{1 - (-2)} = \left(-\frac{1}{2}\right)\cdot[\,1 - (-2)^n\,] \qquad |\cdot(-2)$$

$$-255 = 1 - (-2)^n$$

$(-2)^n = 256$ Da der Potenzwert positiv ist, muss n gerade sein!

$$(-2)^n \Rightarrow (2)^n = 256 \mid \lg$$

$$n\,\lg 2 = \lg 256 \Rightarrow n = \frac{\lg 256}{\lg 2} = \underline{8} \quad \text{oder } n = \lg_2 256 = 8$$

$$a_8 = \left(-\frac{3}{2}\right)\cdot(-2)^{8-1} = \underline{192}$$

3) Die Summe des 5. und des 6. Gliedes einer
geometrischen Folge beträgt 2268; die Differenz des 5. und
6. Gliedes verhält sich zur Differenz des 10. und 11. Gliedes
wie 1 zu 243. Man berechne das Anfangsglied und den
Quotienten der Folge.

$$a_1 = ? ; \qquad\qquad q = ?$$

$$a_5 + a_6 = 2268 \qquad\qquad \text{Geometrische Folge:} \qquad a_n = a_1\cdot q^{n-1}$$

$$\frac{a_6 - a_5}{a_{11} - a_{10}} = \frac{1}{243} \qquad\qquad a_5 = a_1 q^4; \quad a_6 = a_1 q^5; \quad a_{10} = a_1 q^9; \quad a_{11} = a_1 q^{?}$$

$$\frac{a_1 q^5 - a_1 q^4}{a_1 q^{10} - a_1 q^9} = \frac{1}{243} \Rightarrow \frac{a_1 q^4 (q-1)}{a_1 q^9 (q-1)} = \frac{1}{243} \Rightarrow q^5 = 243 \Rightarrow q = 3$$

$$a_1q^4 + a_1q^5 = 2268 \Rightarrow a_1q^4(1+q) = 2268$$

$$\Rightarrow a_1 = \frac{2268}{q(1+q)} = \frac{2268}{3(1+3)} = 7$$

Literaturverzeichnis

Vorlesungsskript Höhere Mathematik (TWL) Detlef Uhlich

Mathematik für Ingenieure und Naturwissenschaftler, Lothar Papula,

Band 1, Vieweg-Verlag

Mathematik für Ingenieure und Naturwissenschaftler, Lothar Papula,

Band 2, Vieweg-Verlag

Mathematik für Ingenieure und Naturwissenschaftler, Lothar Papula,

Klausur- und Übungsaufgaben, Vieweg-Verlag

Mathematische Formelsammlung, Lothar Papula, Vieweg-Verlag

Mathematik für Ingenieure, Lehrbuch, Thomas Rießinger, Springer Vieweg

Mathematik für Ingenieure, Übungsbuch, Thomas Rießinger, Springer Vieweg

3000 solved Problems in Calculus, Elliott Mendelson, Schaum's outlines

Höhere Mathematik kompakt, Lehrbuch, Georg Hoever, Springer Spektrum

Arbeitsbuch Höhere Mathematik, Lehrbuch, Georg Hoever, Springer Spektrum

Physik   Dipl.-Phys. Hans-Jürgen Hellberg Heft 1 bis 4, BoD